AF455314

SOCIÉTÉ D'AGRICULTURE D'ALGER

RAPPORT

SUR LE

PROJET D'IMPOTS NOUVEAUX

3 MAI 1884

ALGER
IMPRIMERIE DE L'ASSOCIATION OUVRIÈRE P. FONTANA ET Cie

1884

SOCIÉTÉ D'AGRICULTURE D'ALGER

RAPPORT

SUR LE

PROJET D'IMPOTS NOUVEAUX

3 MAI 1884

ALGER
IMPRIMERIE DE L'ASSOCIATION OUVRIÈRE P. FONTANA ET Cie

1884

RAPPORT

FAIT A LA SOCIÉTÉ D'AGRICULTURE D'ALGER

ET ADOPTÉ DANS LA SÉANCE DU 3 MAI 1884

MESSIEURS,

Les Représentants de l'Algérie au Parlement, Messieurs les Sénateurs et Députés, nous ont fait part du projet de budget pour 1885, proposé par M. le Ministre des Finances, et de la volonté bien arrêtée de l'Administration de nous faire payer ici des impôts nouveaux spécialement établis sur les Européens. D'un autre côté, le Conseil supérieur du Gouvernement algérien a étudié et voté un projet d'impôt foncier sur la propriété Européenne, à principal fictif, dont les centimes additionnels seuls seraient perçus au profit des départements et des communes. Il ne faut pas être grand prophète pour prédire que le principal de l'impôt sera bien voté et réclamé au profit de l'État, outre les centimes additionnels.

Le Conseil général de Constantine, appelé à ratifier la décision de ses délégués, les a désavoués par un refus net et énergique de s'associer à aucune espèce d'impôt foncier.

Les Conseils généraux d'Alger et d'Oran ont été moins affirmatifs dans l'expression de leur vœu.

L'impôt foncier, disons-le de suite pour n'y plus revenir, n'aura qu'un effet pour ceux qui le paieront, celui de diminuer la valeur de leur propriété de dix-huit ou vingt fois la valeur de la taxe annuelle, sans aucune espèce de compensation ou d'avantage en retour. Il serait faux de dire qu'il sera payé par les fermiers ou les locataires et que les propriétaires n'en souffriront pas. La grande loi qui règle le prix des locations est celle de l'offre et de la demande ; rien autre ne l'influence.

Il faut avouer que le moment est bien mal choisi pour nous accabler d'impôts. La crise financière est loin de se terminer : elle date, en Algérie, de l'expédition de Tunis, coïncidant avec l'insurrection de Bou-Amama.

Le protectorat de la Tunisie a détourné de l'Algérie le courant des générosités du Gouvernement et ne lui a pas apporté jusqu'à ce jour l'augmentation de la sécurité promise.

En 1846, l'illustre maréchal Bugeaud, quittant son gouvernement, disait dans un ordre du jour adressé aux colons : « La sécurité vous l'avez ». En 1881, M. Albert Grévy, parlant aux mêmes colons, s'écriait : « La sécurité *vous l'aurez !* » Nous l'attendons encore. Qu'on juge du chemin parcouru à reculons dans l'administration des Indigènes, grâce à la faiblesse déployée dans la répression de leurs crimes contre les Européens.

Un des meilleurs moyens d'augmenter la sécurité, c'est-à-dire la création de nombreux villages, vient d'être repoussé par le refus du crédit de cinquante millions. Ces créations de villages, en provoquant une active circulation sur les chemins de fer, eussent été aussi le meilleur moyen de soulager le budget des annuités payées pour garanties d'intérêt aux Compagnies. Il faut bien se résigner à prévoir que la circulation des trains en pays arabe, où la propriété indivise et confuse n'est pas constituée, risque de se faire encore longtemps avec des wagons vides.

En 1880, la terre, aux environs d'Alger, venait d'acquérir une grande valeur relative. Cela tenait surtout à l'abondance des capitaux français sans emploi à l'époque. Le taux de l'intérêt était descendu à Alger à 4 1/2 pour cent. Le krach de la Bourse, en 1881, s'est chargé de niveler la valeur de toutes les opérations financières, et les pertes énormes subies par la majorité des capitalistes, au profit, il est vrai, de quelques autres, ont fait revenir le taux de l'argent à 6 0/0 en première hypothèque, 7, 8 et plus en seconde. Le Crédit Foncier ne prête pas à moins de 6 0/0.

Si l'on joint à la cherté de l'argent, la désaffection inexplicable de la mère-patrie pour les colons, ses enfants, et ses préférences marquées pour les Indigènes dont elle pardonne et oublie les insurrections périodiques ; si l'on ajoute la diminution du prix des céréales constamment en baisse depuis 5 ans et aujourd'hui tout à fait avili, car on offre 16 francs les cent kilos pour le blé dur de la prochaine récolte, enfin la sécurité moindre, les vols de bestiaux et les maraudes impunis, il est facile de s'expliquer que la propriété foncière, en général, sauf les terres spécialement aptes à la culture de la vigne, a subi un temps d'arrêt et même un recul dans sa valeur. Depuis cinq ans, les baux des terres à céréales n'ont pas augmenté. Les seuls produits qui aient conservé leur valeur sont les bestiaux et le vin. Or, les Européens possèdent peu de bestiaux en dehors de leurs bêtes de labour. Leurs capitaux et leurs pâturages sont insuffisants pour cela. Les Indigènes ont seuls conservé de beaucoup la plus grande partie du bétail algérien, au moins les dix-neuf vingtièmes.

Quant à la vigne, à part quelques exceptions dont on exagère les bénéfices, et qui ont des facilités d'écoulement et de vente spéciales, la grande majorité des planteurs est, de date toute récente, aux prises avec les difficultés inhérentes aux débuts d'une culture jadis inconnue à la plupart d'entre eux. Enfin, elle n'a guère fait que dépenser jusqu'à ce jour et commence à peine à toucher les premiers revenus.

Déjà la production algérienne atteint les limites de la consommation locale. On est obligé de chercher des débouchés ailleurs, car les Indigènes ne consomment pas de vin, et de hanter à grands frais toutes les Expositions et les concours régionaux où l'on veut bien recevoir nos produits.

Tous ces vignobles ont été créés avec des capitaux empruntés au minimum à 6 0/0, souvent à 7 0/0. En calculant l'abaissement fatal du prix du vin, c'est à peine s'ils rendront 10 0/0 de revenu net, amortissement déduit, sur une valeur de 5,000 francs de capital exigé par hectare pour des plantations faites en bonnes conditions sur des terrains de choix ; mais de ces 10 0/0 il faut défalquer la rémunération du temps et de la valeur de la surveillance, car la vigne ne peut encore ni se louer ni se confier à des métayers en Algérie. Les usages, les chances climatériques, la nature de la population s'y opposent.

En défalcant des bénéfices les 6 0/0 réclamés par l'intérêt du capital, il reste 4 0/0 pour représenter la rémunération du travail et de la valeur intellectuelle du propriétaire exploitant, plus le fonds de réserve nécessaire pour parer aux éventualités fâcheuses qui, tantôt d'une manière, tantôt de l'autre, viennent frapper nos vignobles.

L'altise, presque inconnue en France, prélève, dans les années pluvieuses surtout, un impôt qui s'est élevé à 1,200,000 francs. Si les gelées font moins de mal qu'en France, en revanche il n'est pas d'année où le siroco ne prélève une dîme quelquefois légère, mais qui peut s'élever aussi à la moitié de la récolte, et pour certains cépages comme l'aramon, à la totalité. Pour cette cause nous n'obtenons jamais, dans les sols d'égale fertilité, la même abondance de vin qu'en France ; or, les frais de culture et de matériel sont plus élevés ici que de l'autre côté de la Méditerranée. — Le Mildew nous menace perpétuellement et nous frappe de temps en temps, nous laissant alors des vins sans couleur et sans force alcoolique. L'oïdium exige des soufrages réguliers et répétés.

Nous avons environ quarante mille hectares de vignes dont la moitié ne donnent encore que des espérances. Y a-t-il là de quoi exciter les convoitises fiscales de l'Administration ? Certes non. La possibilité de l'invasion du phylloxéra, les fléaux que nous avons cités plus haut, la concurrence ardente des vins falsifiés si peu réprimée ; la concurrence malheureusement légale des piquettes d'Espagne vinées en franchise à 15 degrés, sont autant de causes qui limiteront l'essor de la culture de la vigne. Un impôt nouveau ne peut que tuer la poule aux œufs d'or, si tant est qu'ils soient d'or.

Nos vins de coteaux peuvent se passer de vinage et pour eux l'impôt sur l'alcool est indifférent ; mais il n'en est pas de même de certains vins de plaines humides et fertiles. Ceux-ci ont tout à gagner à être vinés à la cuve et, s'ils étaient remontés à 15 degrés, ils trouveraient à Cette et à Paris, comme vins de coupage, un débouché toujours ouvert. Les plantations pourraient s'augmenter sans crainte de le voir se fermer.

Au lieu d'un impôt sur l'alcool, il aurait mieux valu nous accorder la franchise d'impôt. Nous pouvons lutter avec les vins d'Espagne et d'Italie sur les marchés de France. La viticulture prendrait un nouvel essor et l'État retrouverait, par les droits d'enregistrement et de timbre sur les transactions, peut-être plus que l'impôt sur l'alcool ne lui rendra, car les frais de perception en seront très élevés. Cette franchise d'impôts aurait entraîné l'abandon de quelques distilleries de grains qui n'auraient pas pu lutter. La cherté de la main-d'œuvre et du matériel, l'élévation des frais généraux résultant du chiffre restreint des affaires, et surtout la chaleur du climat, nuisible à la conversion de l'amidon en glucose et à la conservation de l'alcool qui s'évapore rapidement, constituent des conditions d'infériorité vis-à-vis des usines du nord de la France et de l'Europe. Sans discuter le principe de savoir si une indemnité serait due à nos distilleries algériennes, nous émettons l'avis que le Gouvernement a sous la main, en Algérie, le moyen d'offrir des compensations équitables, sans grever le budget, au moyen de concession de terres.

L'impôt sur l'alcool entraînera ce que les viticulteurs prévoient avec terreur, l'introduction de la Régie avec son cortége de vexations, droits de circulation, acquits à caution, exercice et le reste. Cette perspective d'ennuis sans nombre aurait pour effet d'empêcher les propriétaires de vendre directement leurs produits en détail aux consommateurs, de leur enlever une source de bénéfices légitimes et de faire cesser un état de choses profitable à tout le monde et de nature à encourager puissamment l'extension de la culture de la vigne. Ces impôts et ces ennuis seront pour les petits négociants une entrave énorme qui restreindra leurs affaires ; enfin, ils nous obligeront à livrer à la chaudière des quantités de vins de vignes trop jeunes ou de vins de plaine, ou bien elle nous forcera de les expédier en Espagne pour se faire viner en franchise avant d'entrer en France moyennant le droit de 2 fr. 50 par hectolitre. L'Espagne seule y gagnera.

On ne s'explique pas que le Parlement ait consenti à accorder 15 degrés de franchise aux vins d'Espagne. Il n'est pas de viticulteur méridional qui ignore qu'il n'y a pas de vin de table sec et naturel à 15 degrés. Il n'y a, à ce degré, que des vins de coupage, à moitié doux, et que le commerce avec raison n'achète que quand il ne peut pas faire autrement. Les vins secs à 15 degrés ont tous été vinés à la cuve. Une limite de 10 à 11 degrés eût été équitable et n'eût pas favorisé les Espagnols au détriment des Français. Il est vraiment décourageant de constater que les mesures libérales prises par nos gouvernements successifs ont toujours tourné au détriment du producteur national sans profiter au consommateur.

L'impôt sur les mutations entre vifs et par décès, dont on nous menace, n'a pas plus de raison d'être. Appliqué aux seuls Européens, cet impôt constitue une inégalité, une défaveur. Il empêchera les Indigènes de rechercher la naturalisation ; il les encouragera à rester dans une indivision stérile, à reculer l'époque de la constitution de leur propriété. Il est par lui-même une injustice si l'on ne défalque pas de l'actif des successions le passif formé par les dettes, qui est proportionnellement plus élevé ici qu'en France, parce que presque tout le monde a emprunté pour créer. Nos représentants se bercent de l'espoir qu'ils obtiendront cet adoucissement ; mais c'est une illusion. Il ressort de nos renseignements que l'Administration de l'enregistrement, dans la crainte de voir dissimuler l'actif par des passifs fictifs, opposera, ici comme en France, un *veto* insurmontable.

Nos représentants ont songé à offrir en compensation au Gouvernement l'impôt sur le tabac d'abord.

L'impôt sur la consommation du tabac serait, comme tous les impôts qui pèsent sur le luxe, un des moins lourds et des plus équitables, parce qu'il pèserait sur tout le monde. Reste à trouver le moyen de ne pas absorber une trop grande partie du rendement par une exagération dans les frais de perception.

Nous espérons que l'Administration est convaincue comme nous, que l'impôt sur la culture du tabac serait d'une perception excessivement onéreuse, et qu'elle n'aurait aucun avantage à introduire la Régie du tabac de France.

Enfin, il y a sur le tapis l'assimilation au point de vue douanier de l'Algérie à la France par la proposition du député Peulevey.

Ici il faut s'entendre :

C'est une protection pour l'industrie française au détriment de notre agriculture algérienne qu'on nous demande. Nous sommes assez patriotes pour ne pas désirer que l'industrie nationale, encore seule protégée en France, sombre devant le libre-échange complet, comme l'agriculture de la mère-patrie ; mais c'est à charge de revanche. Il ne faut pas deux poids et deux mesures.

L'Algérie, colonie essentiellement agricole, se voit disputer le marché national par une production surabondante des terres vierges de l'Amérique et de l'Indoustan. Qu'on impose à la frontière les produits agricoles qui ne sont, par une heureuse exception, pas encore compris dans le traité de commerce. Les bénéfices encaissés par les cultivateurs américains ou indous reparaîtront dans l'escarcelle vide du laboureur français qui reprendra la culture du blé abandonnée en maints endroits sans pouvoir y cultiver autre chose et redeviendra de suite un consommateur moins négligeable des produits de l'industrie nationale.

Quant à l'objection prévue que les agriculteurs veulent faire enchérir le prix du pain, nous nous permettons de penser qu'elle n'est pas fondée. Tout le monde sait que, malgré la liberté commerciale et le libre échange imposé à l'agriculture seule, la vie matérielle devient de plus en chère. Les prix du pain et de la viande ne sont plus, comme autrefois, en rapport avec les prix des blés et des bestiaux sur le marché. Les enquêtes ont démontré que le nombre des boulangers et des bouchers avait triplé pour la même clientèle, car la population de la France est restée stationnaire. Les frais généraux de chaque détaillant ont augmenté proportionnellement, car la recette de chacun est moindre. La main-d'œuvre générale a augmenté de prix, par ce fait seul, que chacun doit prélever sur son salaire ou sa vente de quoi payer les intérêts de la dette publique de 34 milliards, les frais des patrons sont donc plus élevés. L'équilibre est rompu. Les commerçants travaillent et gagnent moins, mais le consommateur paie davantage. Il y a trop de patrons pour le commerce des denrées alimentaires. Ce n'est donc pas sans raison que la taxe sur le pain et la viande avait été instituée jadis.

Elle a rendu pendant des siècles des services réels. Au point de la crise où nous sommes, de deux choses l'une : ou bien il faut se décider à revenir en arrière et réglementer à nouveau ces deux branches de commerce, ou bien il faut au moyen de sociétés de coopération, subventionnées au besoin, arriver à fournir aux ouvriers les aliments de première nécessité dégrevés de faux frais et à un prix qui forme équilibre entre l'intérêt du consommateur et la rémunération légitime due au producteur national.

Enfin, il y aurait un moyen d'atténuer pour les ouvriers l'augmentation, invraisemblable du reste ou à peine nuisible, du prix de ces denrées ; c'est d'attribuer une grande partie des sommes provenant des droits de douane sur les bestiaux et céréales au dégrèvement des octrois qui pèsent dans les villes sur les aliments de première nécessité.

Il entre en France environ 20 millions d'hectolitres par an de blé qu'un certain nombre de cultivateurs Français découragés ne produisent plus, car ils seraient en perte. Un droit de douane appliqué là produira toujours des sommes considérables.

Quant à l'objection tirée de la réciprocité vis-à-vis des nations étrangères, à l'obligation de recevoir leurs produits agricoles en échange de nos produits industriels, nous la réfuterons ainsi. Notre industrie n'exporte rien aux États-Unis barricadés dans leurs tarifs prohibitifs et presque rien dans les colonies anglaises. Elle n'a donc pas à se préoccuper des mesures que pourraient prendre ces États. Le relèvement de nos tarifs de douanes sur les céréales est au contraire le seul moyen de forcer les États-Unis, qui viennent encore de s'y refuser, il y a quelques jours, à transformer leurs droits prohibitifs en de simples droits protecteurs. Enfin, répétons-le, le cultivateur Français redeviendra un consommateur plus appréciable des produits de l'industrie nationale, et d'ailleurs il a le droit d'être écouté le premier dans ses revendications.

Au risque de passer pour des revenants d'un autre âge, nous nous permettrons de dire aux libre-échangistes que les fâcheux résultats des traités de commerce, prédits dans les discussions des Chambres, de 1860 à 1863, se sont réalisés cruellement. Nous voyons en ce moment les États protectionnistes, comme l'Allemagne et les États-Unis, plus prospères que les autres. Nous attendons l'explication de ce fait. C'est aux libre-échangistes à nous la fournir.

Si nous rentrons en Algérie, il reste au Gouvernement pour se procurer des ressources, l'étude des remaniements des impôts indigènes de manière à leur faire rendre dans les caisses de l'État plus qu'il n'y entre. On a beau fouiller le budget ; on voit que l'Indigène ne paie pas plus de 8 à 10 francs par tête à l'Etat, sans compter les centimes additionnels perçus pour l'administration des communes indigènes. Comment peut-on dire qu'ils sont écrasés d'impôts ? Si cela était réellement, c'est que l'impôt est mal établi ou mal perçu, et nous n'avons à rechercher ici les modifications les meilleures. Les moyens d'investigation nous manquent ; mais le Gouvernement les possède. Nous pensons qu'on pourrait augmenter légèrement la zekkat, impôt sur les bestiaux qui ont acquis une plus-value sérieuse sans que les frais d'élevage se soient accrus chez les Arabes.

Nous n'avons jamais cru que le Gouvernement français tolérât sciemment que les Indigènes protégés par lui fussent écrasés d'impôts. Nous savons, au contraire, par les vestiges qui restent sur le sol, que du temps des Turcs, qui, eux, les pressuraient fortement, ils travaillaient davantage. Notre conquête leur a permis de vivre mieux, en travaillant moins, car les denrées qu'ils vendent ont beaucoup augmenté de valeur depuis cette époque. Quand un Indigène veut travailler, il trouve dans nos fermes, dans nos villes, et dans les ateliers de travaux publics, du travail rémunéré à la tâche, au même prix que les Européens, et à la journée à un prix qui en approche beaucoup et qui, en tout cas, est presque toujours égal ou supérieur à celui des ouvriers ruraux de France. Nous ne nous expliquons pas la détresse dans laquelle on se plaît à nous les représenter. Il ne faut pas oublier que, lors de l'expédition de Tunisie, nos soldats indigènes ont pu faire apprécier aux

Tunisiens qu'en Algérie ils payaient trois ou quatre fois moins d'impôts par tête qu'en Tunisie. Les Tunisiens, s'ils faut en croire les reporters des journaux de l'époque, se seraient déclarés prêts à accepter la domination française si les impôts étaient réduits au taux de ceux de l'Algérie.

On pourrait également appliquer les droits de timbre et d'enregistrement sur les actes judiciaires des cadis. Cela modèrerait l'ardeur des Indigènes pour les procès, qui est vraiment exagérée. Chacun sait que la vendetta arabe s'exerce plus souvent de cette manière, par l'excès des frais de justice pour des procès sans cesse renaissants, que par le fer.

En résumé, les nouveaux impôts proposés ne peuvent avoir que de fâcheux résultats pour la colonisation dont l'essor devrait être ici, pendant bien des années, le seul souci de la France. Il n'est pas inutile de faire observer que les huit millions demandés à 350,000 Européens qui paient déjà 45 à 50 francs par tête d'impôts divers, constitueraient par âme une augmentation de 22 fr. 50 environ, payable du jour au lendemain. Si l'on appliquait ces données à la population de la France, il en résulterait qu'on lui demanderait à brûle-pourpoint, une augmentation annuelle d'impôts de 832 millions.

Auprès de cela, l'impôt des 45 centimes de 1848 était peu de chose.

Nous nous bornons à dire que l'impôt pour la consommation du tabac, un léger accroissement de la zekkat et l'application des droits d'enregistrement aux actes judiciaires des cadis, offriraient plus de ressources et beaucoup moins d'inconvénients.

Nous pourrions également recommander l'économie dans les dépenses du budget national. Mais c'est là de la politique pure et nous nous arrêtons. Nous prions le Gouvernement, avant de se hâter de décréter des impôts, d'étendre à l'Algérie la mission de la commission d'enquête des 44 membres du Parlement. Il doit tenir à savoir l'exacte vérité avant de se décider.

Le Rapporteur,

XAVIER BORDET.

www.ingramcontent.com/pod-product-compliance
Ingram Content Group UK Ltd.
Pitfield, Milton Keynes, MK11 3LW, UK
UKHW022210190726
13855UKWH00004B/1701